파티시에를 위한

Cake Design

비앤씨월드

시대의 흐름을 반영하는
케이크 디자인

　　시대의 흐름에 따라 케이크디자인도 변화를 거듭해 왔습니다. 바꿔말하면 케이크 디자인도 시대를 반영한다는 이야기입니다.

　　한국 전쟁이 끝나고 사회 재건과 경제 개발이 한창이던 시절, 케이크는 정말 특별한 음식이었습니다. 생일이나 크리스마스에만 맛볼 수 있던 귀한 음식이었지요. 지금과 같이 냉장 시설이 잘 되어 있는 쇼케이스도 없었고 자동차와 같은 운반 시설도 흔치 않았던 시절이었습니다. 그러니 무엇보다 케이크의 모양을 오랫동안 유지하는 게 중요했습니다. 그래서 스펀지를 머랭이나 버터크림으로 아이싱하고 그 위에 보기좋게 크림을 짜서 장식하거나 머랭 등으로 섬세하게 만든 공예품을 올려 놓는 것이 디자인의 대부분을 차지했습니다.

　　일반인에게 생크림 케이크가 선보인 것은 80년대 중반의 일입니다. 일명 후레시 크림이라고도 불리웠던 생크림 케이크의 출현은 쇼케이스의 발전에도 큰 영향을 끼쳤습니다. 보다 가벼운 식감을 원했던 소비자의 요구도 있었겠지만 하우스 재배 등으로 계절과 관계없이 신선한 과일을 얻을 수 있었던 게 주효했습니다. 제철 과일을 다양한 형태로 얹은 생크림 케이크나 생크림 시퐁 케이크 등은 지금까지도 사랑받는 이 이템입니다.

　　그 후, 시장 개방과 더불어 여러 가지 원재료들이 수입되기 시작했습니다. 국제화 시대에 발맞춰 여행이나 인터넷 등을 통해 외국의 정보가 시차없이 소비자들의 요구에 반영되었습니다. 치즈 케이크, 무스 케이크 등의 제품이 출현하였고 치즈, 초콜릿, 생크림, 버터 크림 등의 여러 소재를 합한 케이크들이 나오고 있습니다.

　　케이크 디자인에도 많은 변화가 왔습니다. 전래없이 케이크 디자인이 다양화되고 중요해졌으며, 비로소 케이크 디자인에 파티시에의 개성이 강하게 드러나기 시작했습니다. 최근에는 퓌레나 글라사주 등이 일반화되면서 점차 단순한 디자인이 선호되는 추세입니다.

　　케이크 디자인은 '무형인 이미지를 유형인 제품'으로 실현시키는 과정입니다. 하지만 이것이 곧 '무에서 유를 창조한다'는 의미는 아닙니다. 기존의 케이크 디자인을 연구하고, 응용하고, 재창조하는 과정에서 새로운 디자인도 나올 수 있는 것이라고 믿습니다. 아무쪼록 이 책이 여러분의 디자인 작업에 새로운 영감을 주었으면 하는 바램입니다. 끝으로 이 책이 나오기까지 많은 훌륭한 제품을 만들어 주신 파티시에 여러분께 감사를 드립니다.

발행인 장상인

Contents

케이크 디자인이란

케이크 디자인이란 무엇인가에 대해 한마디로 말하기는 쉽지 않다. 하지만 케이크 디자인 또한 디자인의 한 범주라고 볼 때 제품의 주어진 목적을 달성하기 위해 여러 조형 요소들 가운데 필요한 요소들을 선택하고 합리적으로 구성하여 유기적인 통일성을 얻는 창조활동, 혹은 그 결과물이라고 말할 수 있다. 다시 말하면 여러 조형 요소들을 동원해 보기 좋고 맛좋은 케이크를 구상하는 것, 혹은 그 결과물인 케이크를 일컫는 말이다.

그러나 보기 좋고 맛 좋은 케이크를 만든다는 게 말처럼 쉬운 일은 아니다. 왜냐하면 이는 형태나 색, 장식 등의 시각적 요소만을 의미하는 것이 아니라 미와 기능성 모두를 충족시켜야 한다는 의미이기 때문이다.

그러면 케이크 디자인에 있어 미(美)란 무엇일까? 이는 단순히 아름다움을 뜻하는 것은 아니다. 케이크는 감상용이 아닌, 먹는 음식이기 때문에 '보기는 좋지만 먹고 싶지는 않다'라고 하면 이것은 절대 좋은 디자인이 아니다.

케이크 디자인에 있어 미는 맛과 밀접한 관계가 있다. 즉, 먹고 싶은 식욕을 불러 일으키고 식감을 상정할 수 있어야 한다. 시각 디자인보다는 미각 디자인이 더욱 고려되어야 한다는 말이다.

또 기능성이라는 것은 제품의 기술적, 경제적, 환경적 문제들과 밀접히 관계되어 있다.

조금 부연하자면 기술적 요소란 디자인한 제품을 구현할 수 있는 재료나 기술이 있느냐는 것인데 이것의 중요성은 더 이상 말할 필요가 없다. '구슬도 꿰어야 보배' 라고 아무리 좋은 아이디어를 가지고 있다고 하더라도 구상을 실현할 재료나 기술이 없다면 무의미한 일이 될 것이다. 제과 기술 자체가 고도의 전문성을 필요로 하는 것은 바로 이 때문이다.

경제적 요소란 제품 원가, 작업성, 생산성, 이윤 등을 말한다. 케이크 디자인이 순수 예술 행위가 아니라면 제과점 주변의 상권이나 고객의 성향, 트랜드등을 고려하여 제품을 구상해야 한다. 소비자의 호응과 판매자의 이윤을 동시에 추구하면서 파티시에의 개성을 담아내는 일은 새로운 도전이 될 것이다.

재료 구입이 가능한가 등은 환경적 요소가 된다. 독창적인 재료나 새로운 소재를 찾았다고 할지라도 재료 구입이 용이하지 않다거나 지속적인 공급이 어렵다면 당연히 사용을 재고해야 한다.

결론적으로 좋은 케이크 디자인은 폭넓은 전문 지식이 밑바탕 되었을 때만 비로소 가능한 것이다.

케이크 디자인의 구성 요소

■ 형태

케이크의 형태라 하면 이전에는 원형, 사각형 삼각형, 돔형 등의 외형을 떠올렸다. 이것은 의미없는 형태 개념이다. 외형은 달라도 맛은 똑같은 경우가 많았기 때문이다. 그러나 이러한 의미없는 형태 개념은 90년대 중반을 전후로 크게 수정되었다. 1993년 프랑스의 거장 피에르 에르메의 '라 스리즈 슈르 르 가또'와 투명한 글라스에 앙트르메의 구성 요소들을 차례로 쌓은 '데쎄르 앙 뵈르 (글라스 디저트)' 등 이전에 볼 수 없었던 새로운 형태의 앙트르메가 등장하면서 이제 케이크 형태는 기능과 연동하는 개념으로 인식되기 시작했다.

즉 위로부터 케이크를 떠 먹으면서부터 케이크의 형태는 케이크의 외형이 아닌, 맛을 포함하는 의미로 변모한 것이다. 때문에 파티시에가 어떤 이미지를 케이크로 구현하려면 먼저 그 이미지를 표현할 맛이나 식감을 상정하고 이러한 맛이나 식감을 표현해 줄 가장 효과적인 재료나 방법을 찾는 일이 무엇보다도 중요해졌다.

다시말하면 기술의 진보가 케이크의 형태를 규정하는 밑거름이 된다는 이야기이다. 새로운 용기, 경화제, 유화제 등등 신기술이 개발될수록 케이크 형태는 변화하고 형태에 대한 파티시에의 선택 폭도 그만큼 넓어지는 것이다.

앙트르메를 잘라 나누어 먹는 것에서 영감을 얻은 피에르 에르메의 '라 스리즈 슈르 르 가또'. 철저하게 기능을 추구한 디자인으로 잘라낸 조각케이크 또한 완벽한 형태를 유지하는 것이 특징이다.

피에르 에르메의 이모션 몽블랑. 구성은 마롱 젤리, 딸기가 든 들장미 콩포트, 머랭, 바닐라가 든 마스카르포네 크림, 마롱 퓌레.

■ 구성

머릿속의 케이크을 만들려면 맛과 함께 단면의 형태를 구현해야 한다. 어떤 종류의 비스퀴를 사용하고 어떤 크림을 배합할 것인지 생각해 선택한 다음 건축물을 쌓듯이 구성해야 하는 것이다. 높이 쌓는 데 적당한 비스퀴가 있는 반면 그렇지 못한 비스퀴도 있다. 크림의 종류에 따라 나올 수 있는 맛과 텍스쳐도 각양각색이다. 층 수, 층의 두께, 단단함과 부드러움, 색 등을 보여주는 단면 모양은 맛의 구조를 단적으로 나타낸다.

따라서 파티시에는 케이크가 혀에 닿는 순간부터 사라지기까지의 여정을 잘 계산해 효과적인 순서로 맛을 구성할 줄 알아야 한다. 또 맨 위에서 맨 밑까지 조화와 균형을 맞출 수 있어야 한다. 만약 맛의 구성 요소가 너무 복잡하거나 밸런스가 맞지 않으면 전체적인 맛의 조화가 깨질 것은 자명하다. 때문에 케이크의 형태나 구성은 파티시에의 기량과 밀접한 상관관계가 있다고 할 것이다.

맛의 구성과 텍스쳐를 한눈에 볼 수 있는 카카오 프랑부아즈. 달콤함과 새콤함의 조화가 느껴진다.

형태와 배색, 맛의 구성이 탁월한 망그 프랑부아즈 무스. 이 케이크 단면을 통해 맛을 디자인한다는 의미가 무엇인지 알 수 있다.

■ 색채

색은 제품을 만드는 사람이나 사는 사람 모두에게 중요한 판매 수단이자 구매의 포인트가 된다. 컬

러에 따라 제품의 이미지가 현격히 달라지기 때문이다. 케이크는 재료의 색이 전체적인 색을 결정짓는 경우가 많지만 한가지 재료 외에 여러 색을 사용할 경우 색의 조화나 대비를 처음부터 염두에 두어야한다. 또한 색은 식욕과 서로 직접적인 관련이 있는 것으로 알려져 있다. 일반적으로 밝고 따뜻한 색은 식욕을 돋구고 녹색이나 푸른색 등은 식감을 떨어뜨린다고 한다. 그러나 소비자가 항상 이러한 규칙을 따르는 것은 아니므로 계절을 고려해 봄과 여름에는 산뜻하고 청량감 있는 색을, 가을과 겨울에는 따뜻하고 진한 색을 주조색으로 사용해 케이크에 개성을 입혀보는 것도 좋을 듯 하다. 특히 최근에는 신소재 개발 등으로 종래에 보기 힘들었던 다양한 색의 케이크들이 선보이고 있는데 선택의 폭이 커졌다고 해도 케이크 역시 먹는 음식이므로 너무 많은 색상의 사용은 제품 자체의 맛과 멋을 떨어뜨릴 수 있음을 간과하지 말아야 할 것이다.

색채와 미각과의 관계

신맛	녹색 띤 황색에 황색 띤 녹색의 배색
단맛	적색에 주황색, 적색띤 황색의 배색
달콤한 맛	핑크색
쓴맛	짙은 청색, 갈색, 올리브 그린, 자색의 배색
짠맛	연한 녹색과 회색, 연한 청색과 회색의 배색

웰빙붐을 타고 좀처럼 볼 수 없던 녹색 케이크가 등장했다.

시원한 코코넛 무스 위에 돔모양의 레몬 젤리를 얹고 민트로 장식한 코코 시트론. 색깔에서부터 산뜻하고 새콤한 맛이 느껴진다.

캐러멜 무스와 쇼콜라 무스가 조화를 이룬 캐러멜 쇼콜라. 적색 띤 황색은 달콤한 맛을 상상케 해 식욕을 북돋운다.

■ 크기

　케이크의 크기는 맛과 밀접한 관계가 있다. 케이크의 높이, 넓이, 표면적, 용적 등은 모두 과자의 맛을 결정하는 중요한 요인이다. 같은 케이크라도 크기가 변하면 식감도 변하고 맛도 변한다. 예를 들어 같은 케이크라도 쁘띠가또 보다는 앙트르메가 더 맛있다는 게 일반적인 이론이다. 왜냐하면 케이크는 성형 틀에 가까울수록 맛이 떨어지는데 쁘띠가또는 틀에 닿는 면이 많기 때문에 그만큼 맛이 떨어지는 부분도 많아지게 된다. 반면 앙트르메는 케이크를 먹기 직전에 자르기 때문에 1인분으로 계산할 경우 쁘띠가또 보다 틀에 닿는 부분이 적다. 그만큼 맛이 좋다는 이야기이다.

　또 맛이나 향이 강하지 않고 식감이 가벼운 케이크의 경우는 중량도 가볍기 때문에 크기가 커야 한다. 그래야만 먹는 사람이 만족감을 느낄 수 있다. 반대로 맛이 깊고 향이 진하거나, 공기를 많이 함유하지 않아 단단한 느낌을 주는 케이크의 경우는 크기가 작은 것이 좋다. 이는 케이크의 폭이나 높이에도 마찬가지로 적용될 수 있다. 부드러운 맛에 푹신한 식감의 케이크라면 폭이 넓은 것이 낫고, 깊은 맛에 단단한 식감의 케이크라면 폭이 좁은 것이 좋다. 만약 층이 많아서 높이가 높고 깊은 맛을 내는 쇼트 케이크라면 길이는 길고 폭은 좁게 모양을 조정해 보는 것도 소비자의 구매 의욕을 높이는 데 도움이 될 것이다. 폭이 좁고 길이가 긴 케이크는 측면이 많이 강조되어서 맛의 구성을 어필하기 쉽고 시각적으로는 매우 모던한 느낌을 주기때문이다.

생과일의 신선함이 살아있는 부드러운 무스, 칵테일 오 푸 뤼이. 가벼운 식감의 케이크는 중량이 가볍기 때문에 크기가 큰 것이 좋다.

다크 초콜릿 맛이 강하게 느껴지는 산호아킨. 진하고 깊은 맛을 내는 케이크는 폭이 좁은 것이 낫다.

■ 장식

다양한 색채의 과일, 소박하고 독특한 모양의 너트류, 여러 가지 농담의 초콜릿 장식, 반짝이는 식용 금박 종이, 게다가 살아있는 꽃에 이르기까지 케이크 장식에 쓰이는 소재는 무궁무진하다. 대개 이러한 장식들은 시각적으로 맛을 형상화해 미각을 자극한다는 본래의 목적에 충실하지만 때로는 맛과 디자인의 관계를 넘어 아름다운 조형물 그 자체로 즐거움을 선사하기도 한다.

케이크 데커레이션에서는 일반 디자인에서와 마찬가지로 통일성, 규모, 비례, 균형, 리듬, 강조, 초점 등등의 많은 조형 원리 등이 사용되고 있는데 같은 소재를 이용한 장식이라도 파티시에의 감각에 따라 케이크가 주는 이미지가 매우 달라진다. 아주 작은 감각의 차이가 커다란 이미지의 차이, 즉 상품의 가치를 만드는 것이다. 특히 최근에는 심플하고 세련된 디자인이 추구되면서 여백과 포인트 장식이 관심을 끌고 있다. 케이크에 시각적으로 초점을 줌으로써 소비자의 관심을 유도하고 이로부터 전체적인 공간으로의 확장이 가능하다. 포인트가 되는 장식 하나가 전체적인 구도에 큰 영향을 주는 것이다.

라즈베리 잼과 라즈베리, 블랙베리, 레드 커런트, 민트 등을 올려 데커레이션한 레어치즈케이크. 자연스런 세련됨이 느껴지는 디자인.

살구 무스 위에 살구 젤리와 미루아를 바르고, 살구와 아몬드 그로제유로 간결하게 포인트 장식을 했다.

Spring

Summer

Autumn

Winter

Season

세계 어느 나라나 마찬가지지만 특히 봄, 여름, 가을, 겨울, 4계가 뚜렷한 우리나라에선 제철 소재를 이용하거나 계절을 반영하는 케이크 디자인은 당연한 일이다. 계절에 따라 소비자가 선호하는 케이크의 맛이나 식감, 디자인 등이 다르기 때문이다. 유난히 축하할 일이 많은 봄에는 그 이미지만큼이나 가볍고 신선하고 화사한 느낌의 케이크가 어울린다. 가벼운 식감의 생크림과 새콤 달콤한 과일을 사용한 무스 케이크, 상큼한 노란색 망고, 녹색의 녹차 케이크, 피스타치오 등으로 장식한 초콜릿 케이크 등이 관심을 끄는 계절이다. 여름은 자칫 입맛을 잃기 쉬운 계절이다. 입맛을 자극할 수 있는 새콤한 레몬이나 오렌지를 이용한 제품들, 과일을 듬뿍 얹거나 과일 퓌레를 사용한 차가운 제품들, 글라스 디저트나 젤리류 등을 준비하는 게 좋다. 강렬하고 다양한 색채의 제품이 넘쳐나는 계절이지만 맛에 있어서 만큼은 달지 않으면서 시원한 식감을 줄 수 있어야 한다는 게 포인트. 가을은 수확의 계절답게 풍부한 맛과 볼륨있는 디자인이 요구된다. 밤, 고구마, 단호박, 치즈, 너트류 등의 무거운 소재와 캐러멜이 어울린 고소하고 달콤한 맛의 케이크가 고객에게 어필할 수 있을 것이다. 또한 에스프리가 느껴지는 디자인도 소비자의 감성을 자극할 수 있을 듯 하다. 추운 겨울에는 깊은 풍미와 진한 달콤함이 느껴지는 케이크나 따뜻한 느낌이 나는 초콜릿 케이크 등을 준비하는 게 좋다. 추위를 이겨내기 위해 칼로리 소모가 많으므로 열량을 보충할 수 있는 제품들을 모색해야 한다.

Theme 1

spring

진홍색, 보라색 꽃이 연한 홍차빛과 어우러져 달콤하고 세련된 느낌을 준다.
옆면에 덧댄 생크림은 부드러운 식감을 상상케 한다.
따뜻한 봄날, 창이 큰 카페에서 연인과 함께 즐기고 싶은 사랑스러운 케이크.

Chiffon Cake au Thé

얼그레이 시퐁 케이크

Pistache & Framboise

피스타슈 & 프랑부아즈

새싹이 돋아나는 봄의 이미지를 형상화한 제품으로 녹색의 피스타치오 시트와 빨간 생딸기, 그리고 하얀색 생크림이 강한 대비를 이루며 싱그러운
계절감을 표현하고 있다. 초록색 시트와 분홍색 크림의 배열, 굴곡있게 짠 생크림과 크기를 순차적으로 배열한 딸기는 율동감과 생동감을 느끼게 한다.

Frasier

프레지에

봄에 가장 잘 어울리는 제품인 프레지에. 크림 사이로 보이는 딸기의 자른 단면과
연두빛 버터크림 장식 위에 얹은 생딸기가 무척 신선하고 깔끔하다.
커스터드 크림과 버터를 섞어 거품을 올린 크렘 무슬린으로 샌드했다. 무슬린 크림은 커스터드 크림과
마찬가지로 과즙이 많은 생과일과 잘 어울리기 때문에 봄철, 딸기를 이용한 제품에 적격이다.

Noisette Cake

누아제트 케이크

헤이즐넛 비스퀴를 헤이즐넛 가나슈로 샌드하고 글라사주 쇼콜라로 마무리 했다.
광택있는 진한 초콜릿 색이 귀족적인 분위기를 자아내며 케이크의 깊은 맛을 짐작케 하지만 연두색 장식 때문인지 밝고 따뜻한 느낌을 준다.

Poire Chocolat Tarte

푸아르 쇼콜라 타르트

바싹하게 구운 타르트 위에 초코 크림을 얹고 코팅용 가나슈로 마무리한 제품. 초콜릿과 연두색 파스타치오가 절묘하게 어울려 봄 분위기를 한껏 자아내고 있다. 가운데 꽃잎을 형상화 한 듯한 흰색 초콜렛 장식과 흩뿌린 슈거파우더가 자칫 어두워 보일 수 있는 초콜릿 제품을 경쾌하게 만들었다.

Mango Coco

망고코코

코코넛 바바루아와 망고 무스의 맛을 느낄 수 있는 케이크이다.
가느다란 선으로 연출한 초콜릿 장식이 무척 강렬하다. 생기있는 봄에 어울릴만한 발랄한 디자인이다.

Tarte Melene 맬렌 타르트

산딸기 퓌레와 유니번 초콜릿으로 맛을 낸 새콤달콤한 초콜릿 케이크. 쇼콜라 제품의 특징을 살리는 데 주안점을 두었다. 초콜릿 장식은 기존의 정형화된 디자인이 아닌, 자연스럽고 자유로운 감각을 추구하고 있다. 윗면은 다크 글라사주에 금박을 넣어 화려함을 가미했고, 옆면은 세 면 모두에 초콜릿 장식을 사용해 리듬감과 입체감을 더했다.

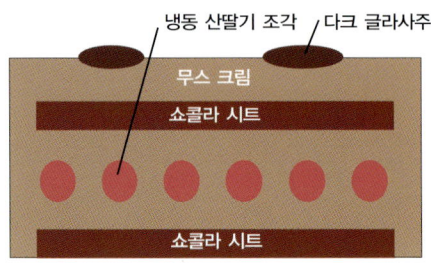

냉동 산딸기 조각   다크 글라사주

무스 크림

쇼콜라 시트

쇼콜라 시트

손가락으로 자유롭게 선을 그어 초콜릿 장식을 만들었다. 길이 조절이 가능해 여러 제품에 응용할 수 있다.

스패튤러를 이용해 홈을 만들고 글라사주를 짜 넣는다.

다크 초콜릿으로 피스톨레 해주고 글라사주를 짜준다.

Uneven

유니번

A TWOSOME PLACE

Raspberry Hazelnuts Tart 라즈베리 헤이즐넛 타르트

측면의 조형미가 돋보이는 제품이다. 크런치 플라리네, 헤이즐넛 다쿠아즈, 프랑부아즈와 초콜릿 크림, 밀크 커버추어, 원추형으로 짠 초콜릿 휘핑 크림, 도넛형 초콜릿 판에 이르기까지 각기 명도와 텍스처를 달리한 맛의 조합을 눈으로 확인할 수 있는 것이 특징이다.

Foret Noir 포레 누아

Red Cherry Mousse
레드 체리 무스

Framboise
프랑부아즈

Abricot Fromage Blanc

아브리코 프로마주 블랑

Summer

Abocado

아보카도

아보카도를 이용해 만든 아보카도 무스. 아보카도의 고소한 맛을 배
가시키기 위해 마스카르포네 치즈를 함께 사용했다. 케이크 표면은
초록색 아보카도와 보색인 붉은색 체리를 얹어 시각적으로 시원하
고 대담한 느낌을 살리고 있다.

파도가 밀려 왔다 밀려 나간 여름 해변을 연상케 하는 초콜릿 케이크. 토치 램프로 표면을 그을려 모양을 낸 살구가 바닷가 작은 조개를 닮았다.

Alliance Melon

알리앙스 멜론

나파주 글라사주 멜론을 윗면에 바르고 큼직하게 썬 멜론과 딸기, 초콜릿으로 마무리했다.
조금은 밋밋해 보이기도 하지만 연한 녹색이 주는 청량감과 시원하게 다가오는 멜론 맛이 여름 제품으로 어필할 수 있을 듯 하다.

Tarte Citron

레몬 타르트

레몬 향이 진하게 느껴지는 레몬 타르트. 바삭한 파트 쉬크레에 상큼한 레몬 가르니튀르가 어우러져 입맛을 잃기 쉬운 여름철에 제격인 제품이다.
머랭을 짜주고 위에 레몬 껍질을 올려 내용물에 레몬이 첨가됐음을 암시하고 있다.

Orange Mousse

오렌지 무스

오렌지 슬라이스로 뒤덮인 무스 케이크. 오렌지의 새콤 달콤한 향과 맛이 느껴져 기분까지 상쾌해 진다.
초콜릿과 제철 과일로 장식했다. 생기가 넘치는 이미지이다.

Chocolat Marron

마롱 쇼콜라

마롱 크림과 크로캉트, 초콜릿의 맛이 조화를 이룬 마롱 케이크.
보는 것만으로도 마롱 페이스트의 씹히는 식감과 초콜릿의 달콤함이 입안 가득 맴도는 것 같다.
크로캉트와 초콜릿의 진한 맛을 응축한 듯한 포인트 장식이 중앙으로부터 살짝 비껴앉아 더욱 완결감을 준다.

Samba 삼바

Barquette aux Saisons 바르케트 오 세종

Anniversary

애니버서리

계절 과일과 어우러진 크림 치즈의 맛이 일품인 케이크.
싱그러운 색색의 과일을 듬뿍 올려 더위에 지친 고객의 눈을
즐겁게 하고 미각을 자극하는 제품이다.

Cream Cheese Kiwi Mousse

크림 치즈 키위 무스

Jelly Lychee Mousse

젤리 라이치 무스

Coconut Passion

코코넛 패션

Autumn

Marron Chiffon Cake

마롱 시퐁 케이크

아이보리에서 진한 초콜릿 색에 이르기까지 명도 차를 달리한 갈색의 조합이
가을 분위기를 물씬 풍기는 시퐁 케이크. 귀엽고 앙증맞은 밤 모양의 초콜릿과
낙엽을 연상시키는 초콜릿 장식이 재미있다.

Caramel Chocolat Marron

캐러멜 쇼콜라 마롱

케이크 둘레에 캐러멜 섞은 초콜릿을 바른 제품으로 보는 것만으로도 그 촉촉한 식감이 느껴진다.
밤과 캐러멜의 진한 맛과 제품의 외관에서 풍기는 깊은 이미지가 가을을 꼭 닮아 있다.

Châtaigne

샤테뉴

바닥에 원형으로 구운 비스퀴를 놓고 손가락 모양의 비스퀴를 두른 후 캐러멜 무스와 바바루아 마롱을 채웠다.
윗면에 캐러멜 쇼콜라 가나슈를 묻히고 크로캉트, 당적밤, 초콜릿 등으로 풍성하게 장식했다. 수확의 기쁨이 느껴지는 작품이다.

Chocolat aux Bananu

쇼콜라 오 바나느

캐러멜로 모양을 낸, 역동적이고 활기찬 이미지를 표현한 케이크. 즉흥적으로 만든 것이 아니라 오랜 연습을 통해 시각적으로 어필할 수 있는 이미지를 창출했다. 먼저 캐러멜로 화려한 느낌과 함께 리듬감을 부여하고 그 위를 다양한 모양의 초콜릿과 캐러멜리제 한 바나나로 장식했다. 정 중앙에는 로고로 포인트를 줬다. 케이크의 재료를 충분히 설명하는 디자인이다.

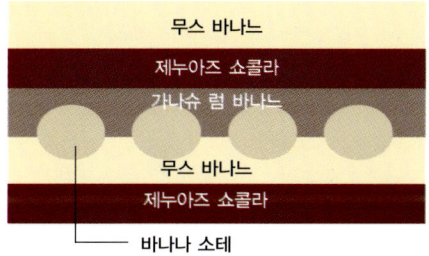

무스 바나느
제누아즈 쇼콜라
가나슈 럼 바나느
무스 바나느
제누아즈 쇼콜라
바나나 소테

틀에서 빼내고 캐러멜로 모양을 낸 후 나파주를 바른다.

자른 바나나에 황설탕을 뿌리고 태워 준다.

45℃로 녹인 밀크 초콜릿을 철판에 얇게 펴 주고 굳기 전에 급속 냉동고에 넣어 굳힌다. 스패튤러로 부채 모양을 만든다.

Delice Royal

델리스 로열

커피 농축액을 뿌리고 미루아르 누트르(끓이지 않고 그대로 쓰는 미루아)를 바른 다음 스패튤러로 문질러 자연스런 무늬를 냈다.
이 자연스런 무늬와 광택이 악보가 그려진 초콜릿과 어울려 리듬감을 극대화하고 있다. 한 곡의 음악을 눈으로 듣는 듯 하다.

Pumpkin Mousse

펌프킨 무스

옛부터 범벅이나 죽을 만들 때 사용되던 호박을 이용해 무스 케이크를 만들었다. 윗면의 독특한 문양은 공기가 들어간 포장용 비닐을 깔고
무스 틀을 올려 만든 것이고 윗면의 호박 장식은 마지팬 공예물이다. 은근한 단맛에 옛 정취까지 느껴지는 디자인이다.

화이트 초콜릿 무스와 크렘 브륄레를 배합하면 진하면서도 부드러운 화이트 초콜릿 맛을 느낄 수 있다. 데꾸베는 '발견' 이라는 뜻. 화려하면서도 편안한 맛을 발견했다고 해서 붙여진 이름이다. 화이트 글라사주로 마무리하고 시가렛 반죽을 같은 모양으로 구워 케이크 옆에 붙였다. 디자인에 통일감을 주고 상호를 어필할 수 있는 방법이다. 슈 반죽을 짜서 구운 조리 모양의 장식이 포인트. 조리에 가득 담긴 과일과 잠자리로 수확의 계절 '가을'을 표현하고 있다.

돔 모양의 틀에 슈 반죽을 조리 모양으로 짜서 굽는다. 잠자리 모양도 만든다. 틀은 굽기가 가능한 재질이면 모양에 관계없이 사용 가능하다.

시가렛 반죽으로 만든 장식을 케이크 옆에 붙인다. 원하는 몰드가 없을 경우에는 두께가 있는 판에 원하는 모양을 그려 칼로 잘라 낸다.

슈로 만든 장식을 균형있게 올려 마무리한다. 포인트가 되는 자리에 조리를 올리고 한쪽으로 쓰러지지 않게 냉동 과일을 채운다.

Ginseng Steamed Red Pound Cake

홍삼 파운드 케이크

Persimmons Cake

감 케이크

제품 속은 껍질 벗긴 연시 퓌레를, 그리고 표면은 슬라이스한 곶감을 이용한 제품.
가을날의 정취와 더불어 토속적인 정취도 함께 느끼게 되는 케이크이다.
웃어른을 방문할 때 이용하거나 달지 않은 전통 차와 함께 즐기면 더욱 좋을 듯 하다.

Noisette Crème au Beurre

누아제트 크렘 오 뵈르

Espresso Brie Cheese

에스프레소 브리 치즈

Sweet Potato Mousse

고구마 무스

Winter

파티시에가 케이블 방송에서 중계하는 체스 결승전을 보고 영감을 얻어 만들었다는 초콜릿 케이크. 중앙에 체스판을 두고 주위에 말을 균형있게 배치했다. 말을 놓는 위치에 따라 분위기가 달라질 수 있어 전체적인 조화에 중점을 두었다. 말들의 모양과 크기를 달리해 시각적으로 원근감을 느낄 수 있다. 특히 쓰러진 말을 체스판에 놓아 안정적인 배치에 파격적인 요소를 가미했다.

말은 템퍼링한 밀크 초콜릿을 몰드에 부어주고 뒤집어 흘려주는 것을 반복해 두께를 조절한 후 굳힌다.

체스판은 템퍼링한 화이트 초콜릿과 다크 초콜릿을 얇게 밀어서 굳힌다. 3 x 3cm 크기로 잘라 교대로 올린다.

균형감과 재미를 주기 위해 원형의 크기를 달리 해 글라사주를 짜준다. 다크 초콜릿을 비닐에 부어 얇게 펴 굳히고 적당한 크기로 잘라 옆면에 붙인다.

54 Cake Design

Cést bien

세비앙

다크 글라사주를 씌우고 화이트 글라사주로 무늬를 낸 세비앙은 장식으로 설탕 공예를 선택했다.
푸른 빛 투명한 색감의 설탕 공예가 다크 초콜릿과 어울려 신비로운 분위기를 자아낸다.

Chocolat Framboise

쇼콜라 프랑부아즈

많은 사람들이 좋아하는 초콜릿 프랑부아즈
케이크를 스타(별)에 빗대어 디자인 했다.
하늘 높이 떠 있는 별의 이미지를
간결하고 세련되게 표현한 작품이다.

La Divan 라 디방

Tiramisu
티라미수

마스카르포네 치즈와 크림 치즈를 섞어 부드럽고 고소한 치즈의 맛을 배가시킨 티라미수. 삼각형의 틀을 사용해 티라미수의 모양에 변화를 시도했다.
슈거 파우더로 만든 십자 장식과 자연스럽게 잘라 붙인 장식용 초콜릿을 이용한 마무리가 심플한 디자인을 한층 돋보이게 한다.

Short Curst Chocolate

초콜릿 쇼트 크러스트

초콜릿 슈트로이젤이 씹는 맛과 함께 고소함을 제공하는 크러스트. 슈거 파우더를 뿌린 슈트로이젤 부분과 가운데 초콜릿 장식이
절묘한 조화를 이루어 경쾌하고 즐거운 분위기를 만들고 있다. 화목한 가족을 위해 준비하고픈 간식이다.

Chocolat Oranges 쇼콜라 오랑주

그랑 마르니에에 절인 오렌지 필과 다크 초콜릿의 맛을 함께 느낄 수 있는 케이크.
짙은 코코아 색 위로 하얗게 흘러내린 퐁당이 눈 덮인 겨울 이미지를 연상케 한다.

Infini abricot 앵피니 아브리코

Reve de Framboise 레브 드 프랑부아즈

Orange Classic

오렌지 클래식

Almond Chocolate Cake

초콜릿 케이크

아몬드의 고소한 맛과 초콜릿이 조화를 이룬 케이크로 설탕 대신 꿀을 사용해 촉촉한 느낌을 강조했다. 케이크 위에 올린 주황색 살구가 상큼하게 느껴진다.

Petit Marron

프티 마롱

밤페이스트와 통밤을 풍부하게 사용한 프티 마롱. 맛에 악센트를 부여하는 럼주와 고급스런 바닐라빈 향이 더해져 깊은 만족감을 느끼게 한다.

White

Ivory

Yellow

Orange

Red

Green&Brown

시각은 사람의 감각 중에서 상황을 판단하는 가장 빠른 감각이라고 한다.

그래서 사람들은 색을 보고 그 색 자체의 아름다움 뿐 아니라 맛이나 냄새, 혹은 촉감 등을 함께 의식하게 된다.

예를 들면 흰색 보다는 황색의 버터가 더 맛있을 거라고 느끼고, 오렌지색 케이크는 톡 쏘는 상큼한 향이 날 거라고 생각한다.

또 검은 빛을 띤 진한 색의 케이크에서는 촉촉한 식감을 상상한다. 이렇듯 색은 공감각적 특징을 가지고 있다.

그러나 흰색 보다는 황색의 케이크가 더 맛있을 거라고 느끼는 사람도 막상 웨딩 케이크를 고르라고 하면 황색 보다는

순결한 이미지의 흰색 케이크를 선호할 것이다. 그것은 색이 공감각적 특징 뿐 아니라 인간의 감정과 연결된 어떤 이미지,

혹은 상징을 포함하고 있기 때문이다. 그래서 파티시에는 제품을 만들 때 언제나 색이 가지는 시각적 효과, 감각적 효과,

미적 효과를 포함한 감정 효과 등을 고려해야 한다. 같은 색이라도 약간의 차이, 즉 명도나 채도, 배색에 따라 소비자가 느끼는

구매 의욕은 상당히 달라진다. 보다 식욕을 돋우고 맛있게 보일 수 있는 색을 창조하고 조합하는 것이야말로

케이크 색채 디자인의 기본이라 할 것이다.

White

프랑스어로 시퐁은 비단을 뜻한다. 비단처럼 부드럽고 미묘한 맛을 낸다고 해서 이름 붙여졌다는 시퐁 케이크. 여러 가지 재료를 응용해 볼 수 있겠지만 시퐁 케이크의 식 감을 가장 잘 살려주는 색은 역시 깨끗한 느낌의 흰색이 아닌가 싶다. 달콤한 화이트 초콜릿으로 순백의 이미지를 강조한 케이크. 심플함 속에 신선한 풍미를 담고 있는 케이크이다.

White Chocolate Chiffon Cake

화이트 초콜릿 시퐁 케이크

Orange Chiffon Cake

오렌지 시퐁 케이크

입안 가득 오렌지의 상큼한 향이 느껴질 것 같은 오렌지 시퐁 케이크. 오렌지 필과 녹색의 민트로 마무리 해
신선한 맛을 짐작케하는 케이크이다.

Green Tea Chiffon Cake

그린 티 시퐁 케이크

웰빙 붐에 힘입어 전에 없이 각광받는 재료 중 하나가 된 녹차를 시퐁 케이크에 응용했다.
표면을 볼륨감 있게 처리하고 그 위에 녹차 가루를 뿌려 녹차향과 함께 가벼운 식감을 상상케 한다.
무척 신선한 느낌을 주는 케이크이므로 하절기 상품으로 안성맞춤이다.

Passion Cocos

패션 코코스

오레오 쿠키 비스킷의 검은색과 흰색 생크림이 강한 대비를 이루어 깔끔하고 세련된 아름다움을 연출했다.
멜론 볼, 프랑부아즈, 민트, 로고가 새겨진 초콜릿 판으로 포인트 장식을 해 마무리했다.

Iris

아이리스

ivory

Le Floride

르 플로리드

화이트 초콜릿으로 피스톨레한 다음 초콜릿으로 밴드를 만들어 붙였다. 거기에 코코아 파우더를 뿌리고
중앙은 과일, 금박 무늬 초콜릿으로 장식했다. 많은 장식이 사용된 것도 아닌데 소재의 특성을 살린
효과적인 선의 연출로 무척이나 리드미컬하고 여성스런 케이크가 탄생했다.

Mousse au l'ananas

파인애플 무스

삼각형의 케이크를 다시 작은 삼각형들이 감싸고 있어 좀더 날카롭고 모던한 이미지를 만들고 있다.
아이보리와 어울리는 붉은 색 과일로 포인트를 줘 시선을 모았다. 하절기에 어울리는 제품.

Mousse à la Vanille

바닐라 무스

Mousse au Chocolat Blanc

무스 오 쇼콜라 블랑

무스 쇼콜라와 서양배가 조화를 이룬 이 제품은
별다른 장식 없이 화이트 초콜릿을 얹는 것으로 장식을 대신했다.
따뜻하고 부드러운 느낌의 케이크이다.

yellow

Orange Babarian Cake

오렌지 바바리안 케이크

Gauguin

고갱

A TWOSOME PLACE

망고를 이용한 무스케이크. 식감을 높여주는 노란색의 망고와 초콜릿 색이 절묘한 하모니를 이루고 있다. 색감 자체만으로도 젊고 발랄한 생동감을 느끼게 하는 제품으로 이같은 이미지를 구체적으로 형상화시켜 주는 것은 케이크 전면에 뿌린 자유로운 모양의 초콜릿 장식 때문. 다크 초콜릿의 무질서한 모양이 경쾌하며, 사선 모양으로 올린 초콜릿과 망고 장식의 포인트가 돋보인다.

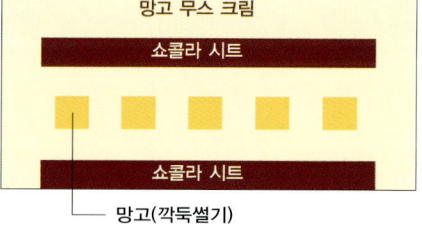

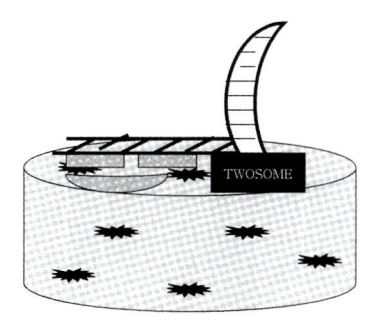

냉동 철판위에 비닐과 무스 띠지를 올려놓고 다크 초콜릿을 녹여 전체적으로 자연스럽게 뿌려준다. 그리고 원형틀을 비닐 위에 올려 놓은 후 무스 띠지를 감아 끝부분을 붙여 고정시킨 다음 망고 무스 크림을 채운다.

미루아를 케이크 전체에 아이싱하고 망고와 초콜릿으로 장식한다. 미루아는 무스가 건조되는 것을 방지하고, 무스 전체에 뿌린 초콜릿에 광택을 줌으로써 케이크를 돋보이게 하는 효과를 준다.

Haiti 하이티

Plougastel

풀가스텔

구워진 반죽 위에 치즈 크림을 바르고 냉동실에서 굳힌 시부스트 크림을 올렸다. 시부스트 크림 윗부분은 토치로 태워 모양을 낸 다음 나파주를 발랐다. 그리고 그 옆면에 껍질을 벗긴 오렌지를 모양좋게 둘러주고 반으로 자른 피스타치오와 과일, 초콜릿으로 마무리 했다. 고소한 너트와 새콤 달콤한 과일 맛이 조화를 이루는 타르트이다. 싱싱한 오렌지 과육과 풍부한 과일이 식감을 자극한다.

Orange

Earl Grey

얼그레이

이름 그대로 얼 그레이 본래의 알싸한 맛을 강조한 제품이다.
가나슈, 무스, 시럽에 이르기까지 얼그레이를 섞어 홍차의 진한 맛을 느낄 수 있게 했다.
냉장 보관하는 무스의 특성상 가나슈가 딱딱해지는데, 봉봉 쇼콜라의 센터로 이용되는
가나슈와는 또 다른 식감을 느낄 수 있다.

San Marco

산마르코

상티이 쇼콜라 위에 바닐라 크림을 올려 색의 대비를 뚜렷이 하고 그 위에 식욕을 자극하도록 과일을 큼직하게 잘라 장식했다. 캐러멜
색 바탕에 살짝 구워 슬라이스한 양배, 체리, 딸기, 키위 등 따뜻한 느낌이 나는 노란색과 붉은색 과일을 얹고 밀크 초콜릿으로 만든 시
가렛으로 포인트를 주었다. 시가렛은 약간 기울어지게 놓아 과일과 조화를 이루도록 배려했다.

Tartelette Fraise Menthe 타르틀레 프레즈 망트

Menton

멘톤

레몬이 많이 생산되는 프랑스의 마을 명에서 따온 이름이다. 위에 장식한 레몬이 힌트가 되기도 하지만
노랑색과 녹색의 배합만으로도 새콤한 맛을 연상케 하는 케이크다. 글라사주를 끼었고 우박 설탕으로 옆 면을 장식했다.

Yogurt Fromage

요구르트 프로마주

Red

Mulberry
오디

산딸기처럼 보이기도 하지만 그보다는 좀더 검은 빛을 띠는 오디로 만든 케이크. 뽕나무 열매
인 오디는 맛이 달고 모양이 예쁠 뿐 아니라 약재로 사용될 정도로 건강에 좋은만큼 케이크에
응용해 볼만한 재료이다. 헤이즐넛 타르트 위에 오디 무스를 붓고 냉동시킨 후 오디 열매로 장
식했다. 촉촉하고 시원한 식감이 능히 짐작되는 케이크이다.

Charlotte aux fruits rouges

샤를로트 오 프뤼이 루즈

샤를로트는 여성 모자인 본네트 풍의 샤를로트에서 유래한 이름이며, 샤를로트 오 프뤼이 루즈는 붉은 색 과일을 사용한 샤를로트를 말한다. 장식으로 딸기와 레드 커런트를 사용했다. 붉은 색 계열의 과일을 사용하면 시선을 집중시키고 식욕을 돋우는 효과를 얻을 수 있다. 프랑부아즈와 블랙커런트를 미루아에 섞어 올려줌으로써 광택과 보존성을 향상시켰다. 블랙커런트는 포인트가 되었다.

딸기는 반으로 잘라 주위에 둘러준다. 딸기를 소금물에 씻으면 단맛을 더욱 진하게 느낄 수 있다.

프랑부아즈와 블랙 커런트를 미루아에 섞어서 올린다. 과일을 올린 후에 미루아를 바르는 것보다 균일하게 코팅되고 광택과 보존성 또한 좋게 할 수 있다.

딸기에 미루아를 바르고 레드 커런트와 피스타치오를 올린다. 붉은색 계열의 과일과 녹색의 피스타치오가 대비를 이룬다.

Monte Carlo

몽테카를로

Printemps
쁘렝땅

Green & Brown

Mousse au Framboise Choco

산딸기 초콜릿 무스

초콜릿의 당도를 낮추고 산딸기의 신맛을 가미해 전체적으로
가벼운 식감을 들도록 만든 초콜릿 무스 케이크이다.
계절에 관계 없이 초콜릿을 좋아하는 사람들에게 환영받을 하절기용 제품.

Ardennes

아르덴

불어로 숲이라는 뜻을 가진 아르덴. 초록 계열의 시트와 장식으로 포인트를 주었으며,
피스타치오를 사용한 시트와 청포도 장식으로 싱그러운 제품명의 이미지를 형상화시켰다.

Mousse au Thé Vert

녹차 무스 케이크

Fresh

Romantic

Elegant

Sweet

Modern

Mood

제과점이나 제품의 시각적 이미지가 그 어느 때보다 중요한 화두가 되고 있다.

최근 들어 20-30대 젊은 층이 소비의 주체로 등장하면서 이같은 경향은 더욱 가속화되고 있는데

이들은 무엇보다 자신을 돋보이게 하는 시각적인 이미지에 기민하게 반응하고 적극적으로 투자하는 계층이다.

따라서 자신이 먹는 케이크도 단순한 음식이 아니라 자신을 규정하는 하나의 이미지라고 생각한다.

따라서 제과점도 이러한 주 소비층의 성향을 파악해 이들의 구미에 맞는 케이크를 만드는 데 주력해야 한다.

새롭고 개성있는 디자인으로 빠르게 변화하는 소비자의 욕구를 한발 앞서 실현하는 지혜가 필요한 시점이다.

Theme3

Fresh

글라사주로 마무리하고 색색의 과일로 장식한 치즈 무스 케이크. 민트색 시트에 레몬빛을 입히고 빨간색 과일로 포인트를 줘 더없이 상큼한 느낌 이다. 맛이나 디자인 모두 젊은이들에게 어필할 수 있는 제품으로 쇼케 이스에서 단연 돋보일 수 있을 듯 하다.

Fromage Crew

프로마주 크류

Chocolate Roll Cake

초콜릿 롤 케이크

진한 초콜릿색 시트 사이에 나선형의 새하얀 생크림, 그 위를 장식한 초록과 노란색 과일이 무척 신선
하게 느껴진다. 가벼운 식감을 짐작케 해 누구라도 한입 맛보고 싶은 케이크이다.

Fraise Chocolate Cake

프레즈 초콜릿 케이크

초콜릿 생크림으로 전체를 아이싱 한 후 글라사주로 코팅했다. 옆면 부분은 잘게 조각 낸 피스타치오를 두르고
윗면은 싱싱한 생딸기와 초콜릿으로 마무리. 최소한의 장식으로 이처럼 신선한 느낌을 낼 수 있다는 것이 놀랍다.

Entremets Fromage Frais

생 치 즈 앙 트 르 메

프로마주 블랑 대신 크림 치즈에 레몬즙을 넣어 만든 생치즈 무스. 데커레이션 과일로는 딸기를 사용했는데 체리를 사용하면
더욱 제맛을 즐길 수 있다. 치즈를 형상화한 듯한 투박한 질감의 비스퀴가 신선하게 느껴진다.

Pumpkin Mousse 단호박 무스

Romantic

레드 와인을 사용한 무스케이크. 미루아, 물엿, 레드 와인, 산딸기 퓌레로 만든 토핑으로 아이싱하고 제품의 특성을 살려 장식용 초콜릿, 반으로 자른 거봉, 포도로 장식했다. 고급스러우면서도 세련된 느낌의 케이크이다.

Red Wine Mousse

레드 와인 무스

C'est la Vie

세라비

Tarte Croquant Pommes 크로캉 사과 타르트

헤이즐넛 사브레 위에 짤주머니로 헤이즐넛 프랄리네 크림을 짜주고 초콜릿 디스크를 얹은 다음 말린 사과로 장식했다. 공원 벤치나 호수가에서 바라보는 늦가을의 풍광처럼 운치가 느껴지는 디자인이다. 케이크 디자인과 맛이 조화를 이루고 있는 제품이다.

연인들의 데이트 코스로 인기가 있는 브루타뉴 해안을 그리며 만들었다는 작품. 노을 진 저녁, 해안가를 거니는 연인들의 모습이 떠오른다. 시선의 분산을 막기 위해 육각형 모서리에 글라사주를 짜주고 중앙에 물방울 모양의 전사지로 파도의 포말을 연상시키는 이미지를 연출했다. 3개의 초콜릿 장식 끝을 약간 구부려 바람에 흔들리는 해초를 표현하고 밀크 초콜릿 가나슈를 스패튤러로 가볍게 찍어 파도가 치는 모래 사장을 형상화 했다.

판 초콜릿을 올리고 밀크 초콜릿 가나슈를 바른다.

스패튤러로 가볍게 찍어 모양을 만든다.

다크 초콜릿으로 피스톨레 해주고 글라사주를 짜준다.

Tartre Breton

타르트 브르통

White Peach Cake
화이트 피치 케이크

이름 그대로 복숭아 맛이 물씬 풍기는 케이크이다. 레드 와인과 백도를 함께 넣고 살짝 끓여 색을 낸 다음 백도를 슬라이스 해 윗면에 올렸다. 그리고 화이트 초콜릿을 연두색으로 착색해 필름 위에 펼쳐 바르고 빗살 무늬를 내 옆면에 둘렀다. 꽃잎처럼 포개져 있는 연분홍 색 복숭아 과육이 수줍게 느껴진다.

Blueberry Cheese Cake

블루베리 치즈 케이크

Elegant

화이트 초콜릿을 데워서 냉동 철판 위에 편 다음 넓은 밴드를 만들어 옆면에 둘렀다. 그리고 윗 부분은 초콜 릿을 사각형으로 크게 접은 후 비어있는 부분을 채우는 식으로 올렸다. 가볍게 피스톨레(초콜릿 1 : 1 코코아 버터)한 후 오븐에서 말린 레몬, 금박 등으로 장식해 우아한 화이트 초콜릿 무스케이크를 완성했다. 장식용 초콜릿이 녹지 않도록 빨리 작업해야 하므로 숙련된 기술을 요하는 작품이다.

La Desir

라 디지어

Saviur Chocolate Cake

사비에 초콜릿

Saviur Chocolate Cake

다크 초콜릿으로 달지 않으면서 진한 맛을 낸 초콜릿 무스 케이크. 코팅용 초콜릿으로 코팅한 후 마카롱에 올린 원형 초콜릿 장식이 2단 케이크처럼 느껴져 전체적으로 부피를 커보이게 한다. 특히 중앙에서 분수처럼 뻗어나온 초콜릿 장식은 금박과 어우러져 화려하면서도 도도한 기품을 느끼게 한다.

Orange Dome 오렌지 돔

이름 그대로 은은한 오렌지 향이 인상적인 돔모양의 케이크. 중앙에 초콜릿 무스와 오렌지 무스를 조화시켰다. 초콜릿 무스는 오렌지 무스와 어울리도록 초콜릿의 함량을 낮추어 가볍게 만들었고 디자인은 돔모양인 만큼 복잡한 장식을 피해 글라사주와 금박, 초콜릿 등으로 간결하게 마무리했다.

Douceur Choc-Poire

듀쉐 쇽 푸아르

초콜릿 글라사주로 코팅하고 초콜릿 색과 잘 어울리는
양배, 바닐라 빈을 올렸다. 그리고 밋밋함을 피하기 위해
아니스를 뿌려 구운 마카롱으로 옆면을 장식했다.
단정하고 고아한 분위기의 케이크이다.

Sweet

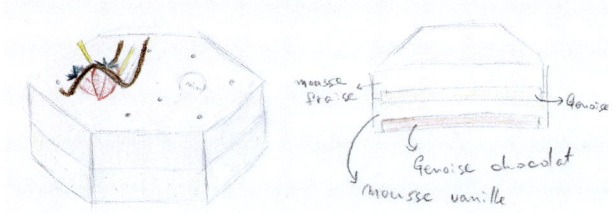

새콤한 딸기 무스와 부드러운 바닐라 무스가 조화를 이룬 케이크이다. 6각형의 세르클을 이용함으로써 틀 자체만으로도 모던한 느낌을 준다. 측면은 바닐라 색인 화이트 초콜릿으로 장식하여 딸기 무스의 분홍색과 어울리도록 배색하였고 윗면은 주 재료인 딸기로 포인트를 주었다. 귀엽고 세련된 이미지가 물씬 풍기는 작품이다.

Printemps

쁘렝땅

Beaujolais Nouveau

보졸레 누보

매년 9월에 수확해 11월 셋째 주 목요일부터 출시한다는 햇 포도주 보졸레 누보. 이름에 걸맞게 무스 와인 보졸레와 헤이즐넛 치즈 무스가 들어간 케이크이다.
발그레하게 상기된 듯한 붉은 색이 부드러움과 함께 달콤한 감상을 불러 일으킨다. 윗면에 포도 송이를 얹어 제품의 특성을 상징적으로 보여주고 있다.

푀이틴 로쉐를 중간에 넣어 부드러움 속에서 바삭바삭 씹히는 맛이 특징인 제품. 명도 차를 이용한 초콜릿 데커레이션으로 심플하게 마무리한 후
미루아를 이용해 물방울 모양을 만들었다. 물방울은 크기에 변화를 주어 단조로움을 피했고 아몬드와 초콜릿으로 만든 한 마리 나비는 앙증맞기 그지없다.

Framboise au Blanc

프랑부아즈 오 블랑

Cassis Tarte 카시스 타르트

Modern

Menthe Chocolat

망트 쇼콜라

부드러운 초콜릿 무스에 민트 무스가 더해져 더욱 상큼한 맛이 나는 케이크

Caramel Potiron Tarte

캐러멜 호박 타르트

캐러멜과 호박, 생크림과 초콜릿이 어우러진 달콤한 이 타르트는 마치 비상을 꿈꾸는 듯 하다. 초콜릿 색과 크림색이 자연스럽게 배색을
이룬 위에 초콜릿 장식만으로 유려하면서도 세련된 감각을 드러내고 있다.

Acidule

아씨듀레

'장식' 이라기 보다는 '조형' 이란 말이 어울리는 케이크이다. 기하학적 모양의 이 케이크는 케이크 위에 얹은 돔모양의 초콜릿에 뚫린 구멍이 포인트이다. 이 구멍을 통해 보이는 붉은 색 과일 등은 안에 사용한 소재가 무엇인지를 전하고 있다. 맛의 이미지화를 추구하려는 새로운 시도가 담긴 작품이다. 마치 미래의 케이크을 보는 듯 하다.

Mangue Coco 망그 코코

Praline Abricot

프랄리네 아브리코

다쿠아즈의 바삭하고 촉촉한 식감과 헤이즐넛의 고소함, 살구 콩포트의 새콤함이 어우러진 케이크이다.
옆면에 규칙적으로 붙인 둥근 초콜릿 장식과 윗면의 나선형 무늬, 점진적으로 작아지는 초콜릿 장식이 리듬감을 느끼게 한다.

Little Cake

90년대 중반, 경제적 · 문화적 여유를 기반으로 강남 일대에서 시작되었던 케이크 카페 붐은 쁘띠 가또,
즉, 리틀 케이크에 대한 관심을 촉발시켰다. 그리고 이후 등장한 베이커리 카페 등은
리틀 케이크에 대한 관심과 수요를 더욱 증대시켜 이제 앙트르메를 잘라 놓는 형태의 케이크로는
점차 고급화, 다양화되고 있는 소비자의 기호를 만족시킬 수 없게 되었다.
하나를 먹더라도 제대로 먹자는 게 시대의 트랜드가 된 요즈음, 작은 케이크는 제과점의 이미지를 결정짓는
잣대가 될 수 있다. 맛과 멋이 결합된 작은 케이크로 단시간에 고객의 마음을 사로잡아 보자.

Theme 4

Tarte Chocolat Caramélisée

캐러멜 쇼콜라 타르트

Light Chesse Cake
라이트 치즈 케이크

Tarte au Chocolat 쇼콜라 타르트

Mont Blanc 몽블랑

Nocturne

녹튀른

Tours aux Tresors

뚜르조 트레조르

Ange

앙주

Alps 알프스

가라퀴 Garaque

Douceur Griot Pistache

두쐬르 그리오트 피스타슈

키르슈 향이 물씬 풍기는 그리오틴과 피스타치오
크레뫼의 조화가 돋보이는 깜찍한 케이크

Tarte Hawaiian

타르트 하와이언

Tarte Citron

타르트 시트론

Loisisse

로아지스

Poire William

포아르 윌리엄

Bavarois Pistache

바바루아 피스타슈

Mascarpone

마스카르포네 치즈는 크림 치즈에 비해 조금 더 느끼하고 지방 함량이 높다. 그래서 입 안에 넣으면 살살 녹는 듯한 식감이 필요한 케이크에 사용된다. 쌉쌀한 비스퀴 상파린과 모카 무스가 마스카르포네 무스의 부드러움을 한층 돋우는 매력적인 케이크이다.

Gâteaux à la Bière
가토 아 라 비에르

Gâteaux aux Caramel et aux Sultanines
설타나, 캐러멜 돔 케이크

Pave au Chocolat et aux Sultanines
초코 설타나 파베

Mousse aux Passion

패션 무스

Alps 알프스

알프스를 형상화 한 제품으로 고소한 크림 치즈와 달콤한 가나슈가 입 안 가득
깊은 맛을 느끼게 해 준다. 다소 무거운 재료들임에도 불구하고 실제 식감은 가볍고 부드럽다.
홍차와 함께 즐기면 더욱 그 맛을 살릴 수 있다.

Cherry Mousse Cake
체리 무스 케이크

Alliance Amande Praliné
알리앙스 아몬드 프랄리네

Ponten Bleu
퐁텐 블루

Wedding

For kids

Valentine Day & White Day

Cristmas

Special Day

생일, 기념일, 발렌타인 데이, 크리스마스 등 특별한 날, 즐거운 자리에 꼭 있어야 할 걸 꼽으라면 꽃과 케이크가 아닐런지.

이미 생활 깊숙이 자리한 케이크지만 특별한 날엔 좀더 특별한 디자인의 케이크를 고르고 싶은 게 인지상정이다.

하지만 기념일에 걸맞는 멋진 디자인의 케이크를 고른다는 게 말처럼 쉬운 일은 아니다.

그래서 소비자는 먼 길을 돌아서라도 평소 자신이 신뢰하는 제과점을 찾게 되는데

만약 기대반, 우려반으로 찾은 매장에서 컨셉이 있는 디자인의 훌륭한 케이크를 발견한다면 깊은 인상을 받게 될 것이다.

역사가 오래된 전통적인 제품이라도 디자인을 달리하면 전혀 새로운 느낌을 줄 수 있다.

특별한 날, 소비자의 기쁨을 배가시키는 디자인으로 제과점의 이미지를 드높여보자.

Theme 5

Wedding

둘만의 결혼파티

웨딩 케이크로 가장 각광받는 건 역시 슈거크라프트. 프루츠 케이크에 마지팬을 씌우고 커버링 반죽을 덧씌운 후 호접난과 수국으로 장식했다. 순결한 아름다움이 느껴지는 단아한 이미지의 이 케이크는 결혼식 후 둘만의 오붓한 시간에 어울릴 듯 하다.

함께 나누는 행복

결혼 축하 모임이나 파티에서 여러 사람을 행복하게 해 줄 케이크.
나비와 로열아이싱, 덩굴 무늬가 어우러져 섬세한 아름다움을 느끼게 한다.

사랑의 찬사

이처럼 아름답고 화려한 웨딩 케이크에 찬사를 보내지 않을 사람이 있을런지.
케이크 위에 가득 올려진 신비디움이 신부를 더욱 돋보이게 할 것 같다.

Bûche Angerique

뷔쉬 안젤리크

롤 케이크가 웨딩 케이크로 변신을 시도했다.
생화로 장식한 수줍고 로맨틱한 분위기의 이 케이크는 프로포즈 하는 날 함께 하면 좋을 듯 하다.

Mangue Mousse

망그 무스

망고 무스, 코코넛 무스, 프랑부아즈 무스와 생크림이 조화를 이룬 웨딩 케이크이다.
생화인 노란색 장미로 장식해 꽃처럼 아름다운 미소를 표현했다. 환한 미소만큼이나
화사해 보이는 케이크이다.

for Kids

Crown
왕관

멋쟁이 무당벌레

복숭아 퓌레로 만든 무스 페슈 안에 잘게 썬 복숭아를 넣어 씹히는 맛을 즐기게 한 케이크.
프랑부아즈 글라사주를 씌우고 초콜릿과 마지팬으로 장식했다.

Candle Cake 촛불 케이크

부엉이 시계 Owl Clock

Valentine Day
& White Day

Chocolate Heart & White Bouquet

초코 하트 & 화이트 부케

Valentine Chocolate Cake

발렌타인 초콜릿 케이크

초콜릿으로 피스톨레하고 크렘 오 뵈르 쇼콜라로 장미꽃을 짜 장식했다.
가운데 편지 봉투 모양의 화이트 초콜릿이 연서를 전하고픈 마음을 잘 표현하고 있다.

Valentine Mousse

발렌타인 무스

화이트 와인의 농익은 향기와 산딸기의 상큼함이 조화를 이룬 발렌타인 무스.
강렬한 붉은색 장미로 장식해 로맨틱한 프로포즈에 제격인 듯.

La Valentine

라 발렌틴

La Passion

라 파송

Mousse Chocolat

무스 쇼콜라

숨길 수 없는 사랑의 감정을 격정적으로 표현하고 있는 초콜릿 케이크

Framboise

프랑부아즈

이름 그대로 프랑부아즈를 한껏 즐길 수 있는 무스케이크. 반짝이는 글라사주 위에 놓인 초콜릿 장식이 사랑스럽고 귀여운 프로포즈를 대신하고 있다.

Tarte Chocolat

타르트 쇼콜라

깊고 진한 초콜릿 맛이 인상적인 타르트 쇼콜라. 초콜릿 장식만으로 심플하고 세련된 분위기를 연출했다.

Chocolate Brownie Cake

초콜릿 브라우니 케이크

Coconut & Caramel Heart 코코넛 & 캐러멜 하트

좀처럼 보기 힘들었던 볼륨감 있는 하트 모양의 케이크. 코코넛 풍미의 크림과 쌉쌀한 캐러멜 바바루아가 잘
어울리는 제품이다. 화이트 초콜릿으로 피스톨레 한 다음 밀크 초콜릿 피스톨레로 음영을 주어 더욱 볼륨감을
살렸다.

Bonbon au Chocolat

봉봉 오 쇼콜라

Chocolat Blanc

쇼콜라 블랑

Moelleux Framboise

프랑부아즈 무알레

Bonbon au Chocolat

봉봉 오 쇼콜라

Christmas

Cassis D'amande

카시스 다망드

Christmas Seal Cake

크리스마스 씰 케이크

Chocolat Framboise

쇼콜라 프랑부아즈

Christmas Cake

크리스마스 케이크

Etoile
에트왈

상큼한 사과와 부드러운 코코넛의 맛을 동시에 느낄 수 있는 별 모양의 케이크.

Le Plaisir D'enfant

르 프레지르 덩펑

불어로 '어린이의 기쁨' 이라는 뜻의 르 프레지르 덩펑은 이름 그대로 어린이들을 위한 크리스마스 케이크이다.
어린이들이 좋아하는 초콜릿을 주재료로 사용하고 단조로운 맛을 피하기 위해 밀감 마멀레이드를 넣어 상큼한
맛을 가미했다. 장식으로는 템퍼링 한 초콜릿으로 리본 형태를 만들어 케이크 전체가 풍성해 보이도록 했다.

Forêt-noire
포레누아르

Rouge et Noir

루즈 에 누아르

Strawberry Cheese Cake

딸기 치즈 케이크

Strawberry Cake

딸기 생크림 케이크

Hansel and Grettel's House

헨젤과 그레텔의 집

Mango Cheese Cake

망고 치즈 케이크

Classic Chocolate Cake

클래식 초콜릿 케이크

Murasaki Imo

무라사키 이모

Hazelnut Torte

헤이즐넛 토르테

헤이즐넛과 가나슈의 달콤 쌉싸름한 맛이 느껴지는
헤이즐넛 토르테. 다양한 장식과 옆 면에 붙인 크로캉트가
어울려 무척 화려해 보인다.

Bûche de Noël

통나무 케이크

초콜릿 무스를 사용해 유럽 스타일로 만든 통나무 케이크.
웰빙 트렌드에 맞춰 초콜릿 무스와 잘 어울리는 녹차가루를
제누아즈에 넣었다. 윗면은 템퍼링한 초콜릿으로 무늬를 내고
그 위에 잘라낸 케이크 조각을 얹었다.
표면이 미끄럽기 때문에 잘라낸 케이크 조각은 생크림으로 고정시켰다.

Noël Chocolat

노엘 쇼콜라

초콜릿 무스와 코코아 파우더를 넣은 제누아즈를 이용해 초콜릿 맛이 진하게
느껴지는 통나무 케이크. 전체적으로 심플한 모양이지만 톤을 달리한
브라운 계열의 단면이 촉촉하고 진한 맛을 느끼게 한다.

Bûche de Noël

뷔슈 드 노엘

Bûche Manjari

뷔쉬 만자리

Panettone

파네토네

크리스마스에 빠지지 않는 이탈리아 빵 파네토네를 이용해 크리스마스 케이크를 만들었다.
왕관 모양의 파네토네에 초콜릿을 씌우고 크리스마스 장식을 얹으니 화려하고 멋진 크리스마스 제품이 탄생했다.

La Maison

라 메종

라 메종이라는 이름의 이 아이스크림 케이크는 벨기에의 '벨지움 담' 이라는
유명한 제과점에서 판매하는 크리스마스 제품을 재현한 것.
유럽에서는 크리스마스에 아이스크림 케이크를 먹는 것이
슈톨렌이나 구겔호프를 먹는 것처럼 전통 있는 풍습이라고 한다.
크리스마스에 등장한 차가운 아이스크림 케이크는 분명 고객에게 깊은 인상을 남길 것이다.

Green Tea Roll Cake

녹차 롤 케이크

Sapin de Noël

사펭 드 노엘

Christmas Cookie

크리스마스 쿠키

Dessert

식사의 맨 끝에 나와 눈과 입을 즐겁게 하는 디저트는 특히 시각적인 요소가 많이 가미된 제품이지만

너무 부담스럽지 않은 선에서 디자인이 마무리 되어야 한다.

보는 사람이 '아름답다' 는 생각을 가지도록 깔끔하게 마무리 하는 것이 중요하다.

이것은 맛에 있어서도 마찬가지이다. 디저트에서는 단맛이 중요하지만 제과점이나 케이크 카페, 베이커리 카페 등에서는

디저트가 독립된 단일 품목으로도 인기가 높은 만큼 고객의 취향을 고려해 단맛을 조절하는 센스가 필요하다.

특히 더위가 기승을 부리는 여름철에는 깔끔한 맛의 셔벗이나 차가운 아이스크림 케이크, 청량감이 느껴지는 젤리,

시원한 무스 등으로 고객의 구매 의욕을 공략해 보는 것도 좋을 듯 하다.

Theme 6

꼬냑 크림을 올린
다쿠아즈와 캐러멜

Delice au Cognac
en duo de Caramel

Lemon Panna Cotta

레몬 판나 코타

이탈리아 북부의 대표적 디저트 판나 코타. 레몬 판나 코타는 진한 크림 맛을 강조하는 전통 판나 코타와는 달리 레몬 주스와 제스트를 이용하여 부드러우면서도 상큼한 맛을 낸다. 판나 코타 아래는 프루츠 샐러드, 위에는 레몬 셔벗을 올려 전체적으로 시원한 느낌을 강조했다.

Pommes de Glacée

폼므 드 글라스

지방분이 들어가지 않아 상큼하고 깔끔한 맛이 특징인 셔벗 제품이다.
사과를 얇게 썰어 케이크 표면을 장식하고 그 안을 사각거리는 사과 셔벗과 달콤한 사과 캐러멜을 채웠다.

Le Dijonnais 디조네

Tahiti 타히티

Mascarpone Blueberry
마스카르포네 블루베리

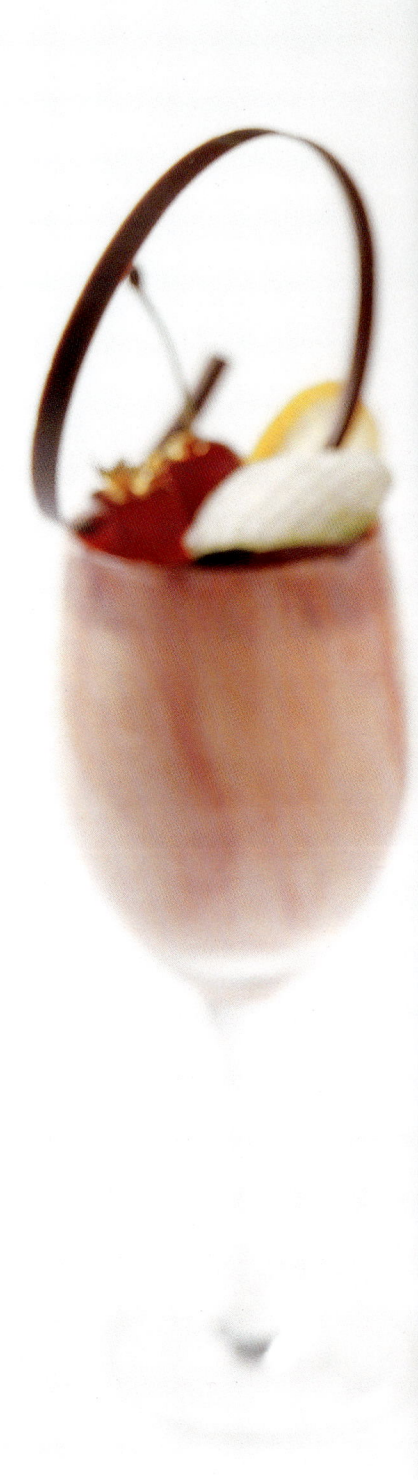

Douceur Desiles

두서 데질

Mariage Exotic

마라아주 엑조티크

Le Petillant

르 페티엉

Apple Mousse Cream

사과 무스 크림

Apple Tartin

애플 타틴

Apple Mousse Cake

애플 무스 케이크

Yoghurt Mousse 요구르트 무스

Fresh Fruits Tarte

후레쉬 푸르츠 타르트

Melon Bavariar

멜론 바바리안

Sangria

샹그리아

파티시에를 위한

Cake Design

초판 인쇄	2005년 12월 16일
발행	2005년 12월 20일
재판 1쇄	2007년 7월 10일
재판 2쇄	2011년 4월 20일
발행인	장상원
발행처	(주)비앤씨월드
출판등록	1994. 1.21. 제16-818호
주소	서울시 강남구 청담동 40-19 서원빌딩 3층
전화	02-547-5233
팩스	02-549-5235
기획진행	이명원
디자인	윤영재
사진	김휴근 외
출력	플러스원
인쇄	문덕인쇄
가격	18,000원
ISBN	89-88274-35-0